Aslain Brisco NGNASSI DJAMI

MÉTODOS DE DIAGNÓSTICO E PROGNÓSTICO NA MANUTENÇÃO INDUSTRIAL

Aslain Brisco NGNASSI DJAMI

MÉTODOS DE DIAGNÓSTICO E PROGNÓSTICO NA MANUTENÇÃO INDUSTRIAL

ScienciaScripts

Imprint

Cover image: www.ingimage.com

This book is a translation from the original published under ISBN 978-620-7-64879-5.

Publisher:
Sciencia Scripts
is a trademark of
Dodo Books Indian Ocean Ltd. and OmniScriptum S.R.L publishing group

120 High Road, East Finchley, London, N2 9ED, United Kingdom
Str. Armeneasca 28/1, office 1, Chisinau MD-2012, Republic of Moldova, Europe
Printed at: see last page
ISBN: 978-620-8-16871-1

Conteúdo

RESUMO

O objetivo deste livro é explorar os métodos de diagnóstico e prognóstico utilizados na manutenção industrial, centrando-se na sua aplicação prática para melhorar a fiabilidade e a disponibilidade dos sistemas. A metodologia adoptada neste livro consiste numa abordagem sistemática e analítica. Em primeiro lugar, o livro apresenta uma revisão da literatura para reunir o conhecimento existente sobre os métodos de diagnóstico e prognóstico no domínio da manutenção industrial. Isto estabelece uma base sólida para a compreensão dos principais conceitos e técnicas. De seguida, o livro classifica os métodos de diagnóstico em duas grandes categorias: métodos sem modelos matemáticos e métodos baseados em modelos. Esta classificação ajuda a estruturar a exploração das diferentes abordagens, destacando as suas vantagens e limitações. Para cada categoria de método, o livro examina em pormenor os princípios fundamentais, os conceitos-chave e as técnicas associadas. Destaca os passos e procedimentos necessários para a implementação prática destes métodos num contexto industrial. São também apresentados exemplos concretos e estudos de casos para ilustrar a aplicação dos métodos em situações da vida real. Finalmente, o livro oferece recomendações práticas para a adoção e implementação de métodos de diagnóstico e prognóstico em sistemas industriais. Destaca a importância da recolha e análise de dados, bem como a integração de ferramentas e tecnologias de informação para facilitar a monitorização e a manutenção preventiva.

Palavras-chave: Diagnóstico; Prognóstico; Manutenção; Métodos.

Introdução

No domínio da manutenção industrial, a deteção precoce de falhas e a previsão de avarias são elementos essenciais para garantir o bom funcionamento dos sistemas. Este livro centra-se nestes aspectos cruciais, explorando os métodos de diagnóstico e prognóstico utilizados no contexto da manutenção industrial.

Com o rápido avanço da tecnologia e a crescente complexidade dos sistemas industriais, tornou-se imperativo desenvolver abordagens eficazes para a deteção precoce de falhas e a antecipação de potenciais avarias. Isto permite que as empresas tomem medidas preventivas e efectuem operações de manutenção planeadas, reduzindo assim o tempo de inatividade não planeado e os custos associados.

O livro examina em pormenor os diferentes métodos utilizados neste domínio, centrando-se nos métodos baseados em modelos, bem como nas abordagens sem modelos matemáticos. Os métodos baseados em modelos requerem um conhecimento profundo do sistema físico e utilizam modelos matemáticos para representar o comportamento nominal do sistema, bem como o seu comportamento na presença de falhas. Por outro lado, as abordagens sem modelos matemáticos baseiam-se num conhecimento superficial do sistema e utilizam técnicas de processamento e análise de dados para detetar falhas.

Ao explorar estas diferentes abordagens, o livro fornece exemplos concretos, estudos de casos e recomendações práticas para a aplicação de métodos de diagnóstico e prognóstico. O seu objetivo é fornecer aos profissionais de manutenção industrial, investigadores e estudantes uma compreensão aprofundada dos métodos e ferramentas disponíveis para otimizar a fiabilidade e a disponibilidade dos sistemas industriais.

1. Métodos de diagnóstico

Em função das necessidades de manutenção e dos condicionalismos, o prognóstico corresponde a:

- uma estimativa do tempo restante antes de uma falha (ISO, 2003);
- a probabilidade de uma falha ocorrer antes de um determinado momento (Dievart, 2006).

O desenvolvimento da tecnologia no domínio industrial produziu uma variedade de abordagens e métodos de diagnóstico, dependendo do tipo de sistema (térmico, mecânico, equipamento eletrónico, etc.), de acordo com Mous (2006). Várias classificações foram propostas na literatura, dependendo do tipo de processamento ou análise de dados. Nesta secção, apresentamos uma classificação recente inspirada no trabalho de Mous (2006). O objetivo da classificação é determinar o método mais adequado para resolver problemas de deteção e diagnóstico, bem como posicionar a classe de métodos de diagnóstico em que estamos interessados entre os vários métodos existentes na literatura. Propomos uma classificação dos métodos de diagnóstico em duas famílias principais (Figura 1): 1. *Métodos sem modelos matemáticos*, que não requerem um conhecimento aprofundado do sistema físico, mas a utilização de conhecimentos superficiais.

2. *Métodos baseados em modelos*, que requerem um conhecimento aprofundado do sistema físico.

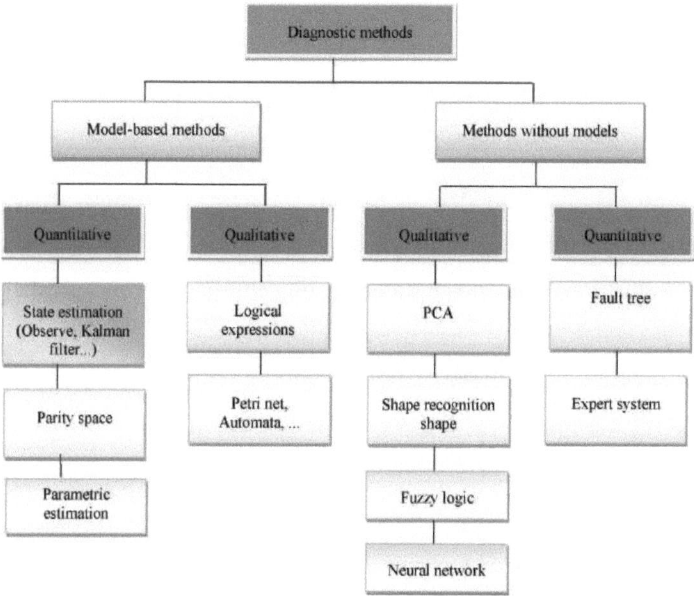

Figura 1: Classificação geral dos métodos de diagnóstico

1.1.Métodos baseados em modelos

A utilização de modelos para o diagnóstico remonta ao início da década de 1970. Muitos estudos foram propostos por (Willsky, 1976; Chow et al., 1984; Basseville, 1988; Patton, 1997; Evsukoff et al., 1997; Isermann et Balle., 1997; Balle et al.,1998). Uma análise exaustiva dos métodos baseados em modelos pode ser encontrada na revisão de Frank (1996) ou em obras como o livro de Patan (2008) e o livro de Chiang et al. (2000). A estrutura geral da maioria destes métodos baseia-se na ideia de redundância analítica, de acordo com Chow e Willsky (1984). O princípio dos métodos baseados em modelos consiste em identificar a diferença entre o sistema real e o seu modelo. Estes métodos baseiam-se em padrões de comportamento explícitos do sistema que está a ser diagnosticado.

Os métodos de diagnóstico baseados em modelos baseiam-se num conhecimento físico aprofundado do sistema a diagnosticar. Um sistema é representado sob a forma de um ou mais modelos que descrevem a estrutura do sistema e o seu comportamento nominal, ou o seu comportamento na presença de falhas. Os métodos de diagnóstico baseiam-se na comparação do comportamento real observado no sistema físico com o comportamento previsto através do modelo.

A deteção de incoerências permite tirar conclusões sobre as falhas que ocorreram no sistema. O modelo de avarias (modelos de avarias) pode localizar as avarias e, eventualmente, identificá-las.

A Figura 2 ilustra os conceitos básicos de uma abordagem típica de diagnóstico baseado em modelos.

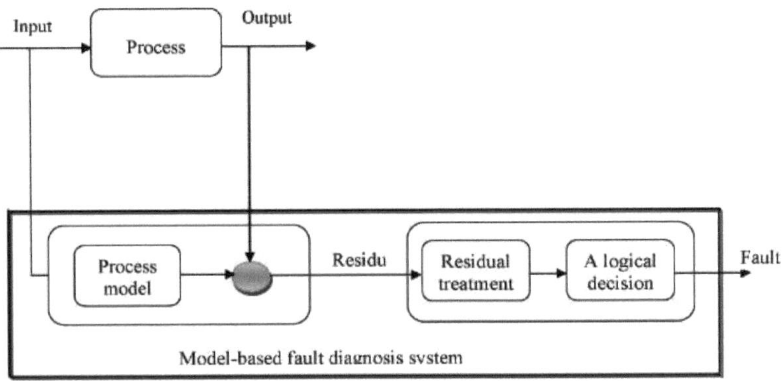

Figura 2: Princípio da abordagem de IDE baseada em resíduos Podem distinguir-se duas abordagens principais nos métodos de diagnóstico baseados em modelos.

> A abordagem FDI "Deteção e Isolamento de Falhas" da comunidade de automação utiliza modelos quantitativos para descrever padrões de comportamento do sistema. As equações diferenciais algébricas podem expressar o comportamento contínuo do sistema com uma certa precisão numérica.

> O método DX baseia-se na teoria lógica do diagnóstico e tem as suas origens na comunidade da inteligência artificial. Utiliza modelos qualitativos que podem representar eficazmente as interações entre componentes ou sistemas.

1.1.1. Abordagens de IDE

A abordagem FDI baseia-se numa compreensão profunda do funcionamento do sistema. Utiliza modelos de referência quantitativos que podem ser derivados de leis físicas fundamentais, de acordo com Frank (1996). Estes modelos analíticos numéricos descrevem o comportamento normal do sistema através de um conjunto de equações diferenciais, segundo Gertler (1998). O diagnóstico consiste em gerar indicadores que indiquem se o sistema está a funcionar mal; estes indicadores são designados por resíduos. Para obter estes resíduos, o modelo de referência é limitado às entradas e saídas observáveis (medidas por sensores no sistema real). Os valores não nulos dos resíduos são interpretados como alterações anormais (ou desvios inaceitáveis) das propriedades ou dos parâmetros caraterísticos do sistema que está a ser modelado.

De acordo com (Frank., 1987; Staroswiecki et al., 1990), as equações diferenciais utilizadas para descrever o comportamento de um sistema podem ser lineares ou não lineares, em tempo discreto ou em tempo contínuo. De acordo com (Coquempot et al., 2005; Narasimhan et al., 2007), o sistema modelado também pode ser um sistema híbrido. Devido aos erros de modelação e ao ruído, os resíduos nunca são verdadeiramente zero, mesmo que não existam falhas no sistema. A decisão de detetar uma falha requer a avaliação das expressões residuais obtidas através das medições do sistema para determinar se as diferenças a elas associadas são significativas. Para a avaliação dos resíduos, o reconhecimento de padrões e a lógica difusa, de acordo com Basseville e Nikiforov (1993), utilizam técnicas de limiarização, bem como técnicas da teoria da decisão estatística. A figura 3 ilustra o princípio da abordagem da IED baseada nos resíduos.

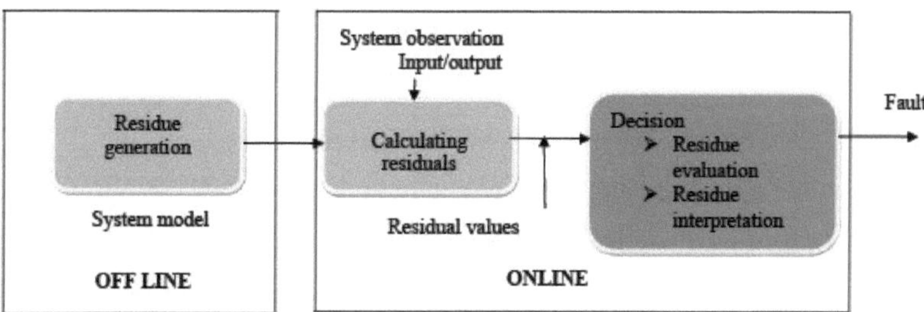

Figura 3: Princípio da abordagem da IDE com base em resíduos

Várias técnicas podem ser utilizadas para obter expressões analíticas dos resíduos: relações de paridade, observadores, filtros de deteção. Outros métodos estão mais relacionados com a estimativa dos parâmetros de deteção de defeitos. Alguns artigos de revisão, como o de Isermann (1997), descrevem estes diferentes métodos utilizados no método FDI.

a) Espaço de paridade

Os métodos de espaço de paridade baseiam-se na geração de resíduos de acordo com Staroswiecki et Comtet-Varga (2001). O comportamento normal (nominal) do sistema é caracterizado por valores nulos para os resíduos. Estas medidas são então consistentes com as propriedades do espaço de paridade.

A conceção do espaço de paridade baseia-se no desenvolvimento de expressões analíticas, o método assenta na determinação da redundância analítica entre as entradas e saídas do sistema, tal como referido em (Patton et Chen., 1991; Maquin et al., 1997). As relações de paridade utilizam a redundância direta através de relações algébricas que ligam diferentes quantidades do modelo do sistema. As relações de redundância analítica são obtidas eliminando do espaço de paridade as variáveis de estado não observáveis do modelo. Obtém-se o modelo de entrada/saída do sistema, onde o vetor de estado x é desconhecido e não aparece de acordo com Gertler (1998). As equações assim obtidas envolvem apenas variáveis de entrada/saída mensuráveis e, portanto, conhecidas. As relações de redundância analisadas são então utilizadas diretamente para construir indicadores de falha para diagnóstico. Staroswiecki et al. (1991),

são referências reconhecidas para aplicações industriais do espaço de paridade, para a deteção de relações estáticas. Schwarte et al. (2003) desenvolveram aplicações industriais para sistemas dinâmicos no sector automóvel.

As técnicas de observação podem complementar o método do espaço de paridade, quando determinados resultados não podem ser medidos diretamente.

b) Avaliação do estado: observadores

Os observadores são sistemas dinâmicos que podem ser utilizados para detetar e isolar falhas em sistemas lineares ou não lineares. Os métodos de observação envolvem a reconstrução das saídas não mensuráveis do sistema a partir de um modelo analítico e de um conjunto de observações parciais (entradas/saídas) do sistema através da estimativa do estado do sistema. Os observadores são utilizados para estimar o valor das variáveis de estado. A partir destes valores reconstruídos e do modelo dinâmico, são calculados os valores de saída. Obtém-se um vetor de resíduos, que representa a diferença entre os valores de saída medidos e estimados. No caso de sistemas lineares, (Staroswiecki et al., 1991; Magni et Mouyon, 1994) são referências que trabalharam na deteção de falhas utilizando observadores. (Frank, 1987; Hammouri et al., 1999) propuseram uma solução para a observação de sistemas não lineares.

c) Estimativa paramétrica

A estimativa dos parâmetros permite analisar o efeito das falhas nos parâmetros estruturais do modelo do sistema. É, portanto, uma forma natural de detetar e isolar defeitos multiplicativos nos parâmetros do modelo do sistema dinâmico. A estimação de parâmetros utiliza métodos analíticos para calcular os valores dos parâmetros do modelo cuja estrutura é conhecida. Estes parâmetros estruturais são geralmente constantes.

Para estimar estes parâmetros, são utilizadas técnicas de filtragem. Por exemplo, os filtros de Kalman estimam recursivamente os parâmetros estruturais dos modelos lineares como representações de estado a partir de medições com ruído. Para sistemas não lineares mas localmente linearizáveis, podem ser utilizados filtros de Kalman alargados e, para sistemas não lineares e não linearizáveis, são aplicados filtros de partículas (técnicas analógicas e estatísticas).

A deteção de falhas é conseguida através da comparação dos parâmetros estimados com os parâmetros nominais que caracterizam o comportamento normal do sistema. A ideia principal por detrás deste método é minimizar a distância entre o valor real e o valor estimado do parâmetro. Assim, os métodos de estimação são caracterizados pela definição de distâncias (máxima verosimilhança, mínimos quadrados, etc.). No artigo de Gertler (1995), o método de estimação de parâmetros é comparado com o método do espaço de paridade. Patton et Chen (1991) estabeleceram a importância do observador e da estimação dos parâmetros na equivalência das técnicas do espaço de paridade.

d) Localização e identificação de falhas

Para localizar defeitos, são gerados diferentes tipos de resíduos: resíduos estruturados (propriedades booleanas) e resíduos direcionais (propriedades geométricas). Os resíduos estruturados são concebidos de modo a que cada resíduo seja sensível a um subconjunto de defeitos conhecidos e insensível a outros. Quando ocorre uma falha conhecida, alguns resíduos terão um valor de zero ou próximo de zero, enquanto outros serão diferentes de zero. O conjunto de diferentes valores residuais representa a assinatura do defeito. Todas as assinaturas que podem aparecer para várias falhas conhecidas num sistema são chamadas de matriz de assinatura.

O segundo tipo de resíduo, que pode ser utilizado para localizar as falhas, é o resíduo direcional. Estes são representados sob a forma de vectores residuais, de acordo com a orientação específica do espaço residual, em função do tipo de defeito presente. O conhecimento dos diferentes defeitos ou modos de falha do sistema representado pelo modelo permite identificar os defeitos, como salienta Ribot (2009).

1.1.2. Abordagem DX

O método DX é um método qualitativo baseado na coerência, proveniente do domínio da inteligência artificial. As técnicas de diagnóstico da coerência consistem em comparar o comportamento real do sistema observado com o seu comportamento esperado, tal como previsto por um modelo de bom comportamento. Baseia-se na teoria do diagnóstico lógico introduzida por Reiter (1987) na sua publicação. O objetivo do diagnóstico lógico é identificar os dispositivos (ou componentes) do sistema cujo funcionamento anormal pode explicar a inconsistência detectada entre o comportamento previsto e as observações do sistema, de acordo com De Kleer et al. (1987). Trata-se de um diagnóstico aditivo, em que o objetivo é encontrar todas as razões que explicam as observações. O princípio desta abordagem lógica baseada na coerência é ilustrado na Figura 4.

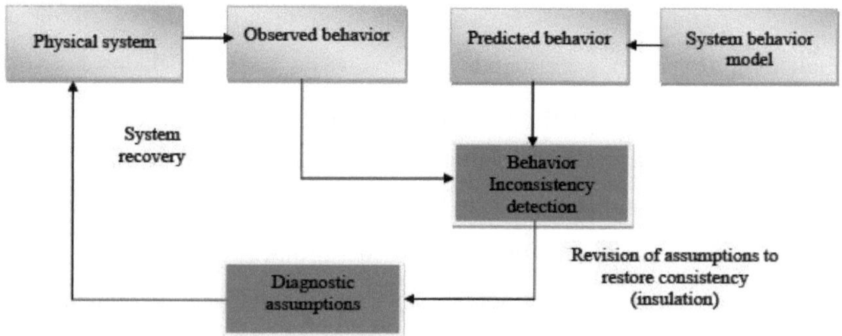

Hipóteses de diagnóstico que conduzem aos conflitos detectados

Figura 4: Princípio da abordagem lógica baseada na coerência

A principal vantagem de uma abordagem de diagnóstico baseada em modelos é a capacidade de detetar falhas não previstas, uma vez que os modelos utilizados se baseiam sempre na física da falha.

Isto contrasta com as abordagens baseadas em dados, que requerem efetivamente exemplos históricos para cada condição de falha detectada. No entanto, em situações práticas, é impossível aplicar métodos de diagnóstico baseados em modelos matemáticos exactos, uma vez que o processo é complicado.

I.2. Métodos sem modelo

Para as aplicações industriais, a conceção de um modelo matemático é difícil ou impossível de realizar, devido às numerosas reconfigurações envolvidas no processo de produção ou à complexidade dos fenómenos envolvidos. Nestes casos, utilizamos métodos que não requerem um conhecimento pormenorizado do processo.

De acordo com Methnani (2012), são possíveis duas classes de abordagens deste tipo:

- Métodos quantitativos, também conhecidos como métodos baseados no conhecimento do sistema
- Métodos qualitativos baseados no tratamento de dados.

1.2.1. Métodos qualitativos

Os métodos qualitativos implicam a exploração de uma base de conhecimentos simbólicos e requerem a existência de uma vasta gama de dados históricos correspondentes aos diferentes modos de instalação. Estes dados incluem

a) **Análise de componentes principais (PCA)**: A PCA é uma técnica estatística multivariada capaz de comprimir dados e reduzir a sua dimensão. Pode ser considerada como uma técnica de projeção linear ortogonal que projecta os casos representados num espaço multidimensional de dimensão n (n é o número de variáveis observadas) num subespaço de dimensão $< n$, maximizando a variância das projecções (ou minimizando o erro quadrático). De acordo com os trabalhos de (Jolliffe, 1990; Pessel et al., 2007), o método baseado na teoria do diagnóstico lógico tem sido aplicado com sucesso em estudos de diagnóstico.

b) **Reconhecimento** de padrões: o objetivo de um método de reconhecimento de padrões é classificar automaticamente um objeto de acordo com a sua semelhança com um objeto de referência.

Num problema de diagnóstico, uma classe é formada por conjuntos de observações que caracterizam uma situação ou o funcionamento de um processo: por exemplo, a classe C1 pode estar associada ao funcionamento normal do processo, a classe C2 ao modo degradado e a classe C3 ao modo de falha. O diagnóstico envolve a associação de novas observações a uma classe. O problema de diagnóstico é equivalente a encontrar limites de classe que minimizem os erros de classificação. O cálculo da distância (distância euclidiana) entre classes pode ser escolhido como critério de decisão para atribuir uma forma a uma classe e determinar que confiança é afetada pela decisão.

c) **Análise espetral**: Em determinadas condições normais, certas medições têm um espetro de frequência típico; qualquer desvio nas caraterísticas de frequência de um sinal está associado a uma anomalia.

Este método é útil para a análise de sinais com oscilações de longo período (caudais, pressões, etc.). Os trabalhos que utilizam a análise espetral incluem (Basseville, 1988; Basseville ,1997).

d) **Redes neuronais artificiais (RNA)**: As RNA são sistemas informáticos constituídos por um certo número de nós elementares interligados que processam dinamicamente informações provenientes de sinais externos. Em geral, as RNA são utilizadas em duas fases.

1. A síntese da rede comporta várias etapas: a escolha do tipo de rede, do tipo de neurónios, do número de camadas e do método de aprendizagem. A aprendizagem é então utilizada para otimizar um critério; consiste em encontrar parâmetros de peso e pode ser efectuada de duas formas: supervisionada (a rede utiliza os dados de entrada e de saída do sistema a modelizar) e não supervisionada (apenas são fornecidos os dados de entrada do sistema).

2. Quando os resultados de aprendizagem obtidos pela RNA são satisfatórios, a rede pode ser utilizada para a generalização. Esta é a segunda fase, onde novos exemplos que não foram utilizados para a aprendizagem são apresentados à RNA para avaliar também a sua capacidade de prever o comportamento do sistema modelado, a sua baixa sensibilidade ao ruído de medição, a sua capacidade de resolver problemas não lineares e multivariados, o armazenamento compacto do conhecimento, a aprendizagem on-line e em tempo real, são propriedades que tornam a utilização das RNAs comum e reconhecível, a sua utilização pode então ser feita a três níveis:

> Como o modelo de um sistema para observar o estado normal e gerar um erro residual entre as observações e as previsões.

> Como sistema de avaliação de resíduos de diagnóstico.

> Como um sistema de deteção de uma etapa (como classificador) ou como um sistema de duas etapas (para geração de resíduos e diagnóstico).

Vários trabalhos têm sido realizados na literatura para desenvolver métodos de diagnóstico de processos, baseados nas diferentes informações disponíveis para descrever o comportamento do sistema. (Barton et al., 1984; Assaf et al., 1996) apresentaram os resultados fornecidos pelo modelo neural para possíveis situações de fuga térmica em processos altamente exotérmicos. O objetivo é estabelecer um algoritmo de alarme fiável para a deteção precoce e prevenção desta situação. Os resultados mostram que o modelo neural NARMAX é representativo do comportamento dinâmico de processos químicos não lineares. Gustin (1996), no seu trabalho, classificou as causas da fuga térmica, sendo a perda de capacidade de arrefecimento a causa mais importante da ocorrência de fuga térmica.

O diagnóstico de falhas com RNA baseado em funções radiais e uma camada oculta pode ser aplicado para desenvolver uma representação não linear do reator de polimerização com base numa estrutura repetitiva, de acordo com Yu et al. (1999). No primeiro estudo de caso de um reator descontínuo, foram investigadas uma avaria no sensor de temperatura e uma incrustação no revestimento, que foram classificadas com êxito utilizando o modelo de processo neural e o classificador neural de função de base radial (RBF). A capacidade das RNAs para extrair informações diretamente dos dados de processo disponíveis é talvez a razão mais importante para a aplicação desta abordagem na indústria. São úteis em problemas como a análise de dados de sensores, que ultrapassa o âmbito das técnicas clássicas de sistemas periciais algorítmicos.

Nos processos industriais, as RNA têm sido aplicadas à deteção e diagnóstico de falhas. Por exemplo, Cubillos et al. (1998) descreveram um sistema híbrido adaptativo baseado em conhecimentos a priori e redes neuronais para modelar estratégias de controlo de processos e parâmetros incertos num reator contínuo altamente não linear. Power et al. (2004) descreveram um quadro de supervisão do diagnóstico de avarias em duas fases utilizando redes neuronais. Com base neste quadro, foi implementado um sistema de deteção de falhas para identificar a localização exacta das falhas e diagnosticá-las. As redes neuronais fizeram rápidos progressos no diagnóstico de falhas de processos. A deteção de falhas em sistemas através de técnicas de inteligência artificial foi estudada por (Hoskins et al., 1988; Venkatasubramanian et al., 1990; Watanabe et al., 1994).

Como já foi referido, os RNA são utilizados para o diagnóstico de avarias, a sua baixa sensibilidade ao ruído de medição, a sua capacidade para resolver problemas não lineares e multivariados, para armazenar conhecimentos de forma compacta, para aprender em linha e em tempo real, são de facto muitas as propriedades que os tornam atractivos para esta utilização.

e) **Lógica difusa (FL)**: é uma tecnologia de inteligência artificial. Foi formalizada por Lotfi Zadeh em 1965 e é utilizada na automação (travagem ABS), na robótica (reconhecimento de padrões), na gestão do tráfego rodoviário (semáforos vermelhos), no controlo do tráfego aéreo, no ambiente (meteorologia, climatologia, sismologia, análise do ciclo de vida), na medicina (assistência ao diagnóstico), nos seguros (seleção e prevenção de riscos), etc. A ideia da abordagem fuzzy consiste em construir um dispositivo, denominado sistema de inferência fuzzy, capaz de imitar o comportamento de um sistema.

A ideia subjacente à abordagem fuzzy consiste em construir um dispositivo, denominado sistema de inferência fuzzy, capaz de imitar as decisões de um operador humano, com base em regras verbais que reflectem o seu conhecimento do processo.

Encontrar uma relação matemática entre um defeito e os seus sintomas é muitas vezes difícil.

No entanto, com base na sua experiência, os operadores humanos são capazes de determinar qual o componente defeituoso que está a causar os sintomas observados. Este tipo de conhecimento pode ser expresso através de regras com o seguinte formato SE condição ENTÃO conclusão, em que a parte da condição inclui os sintomas observados e a parte da conclusão inclui o componente defeituoso. Desta forma, o problema de diagnóstico é visto como um problema de classificação. O vetor de sintomas do classificador, baseado nos valores medidos no sistema, pode ser visto como uma forma, que tem de ser classificada entre todas as formas correspondentes a um funcionamento normal ou não normal.

1.2.2. Métodos quantitativos

Os métodos quantitativos ou uma base de conhecimentos são utilizados quando a maioria das medições não está disponível e a construção de modelos é difícil. Podem ser utilizados para identificar as causas de falhas num processo industrial. Trata-se de análises funcionais e estruturais baseadas na experiência e nos conhecimentos do operador.

Entre os métodos mais conhecidos encontram-se os seguintes:

a) **Árvore de falhas**: introduzida pela primeira vez por Villemeur (1988), é uma das principais ferramentas de análise de riscos tecnológicos.

O objetivo desta abordagem é identificar as várias combinações possíveis de eventos que levam à criação de um único evento indesejável. A representação gráfica baseia-se numa estrutura em árvore que permite um tratamento tanto qualitativo como quantitativo. A árvore de falhas é composta por várias camadas, cuja raiz corresponde ao evento indesejável.

Os níveis são ordenados sucessivamente, de modo a que cada acontecimento seja gerado a partir dos acontecimentos de nível inferior, utilizando operadores lógicos (E, OU). A decomposição pára nos níveis de acontecimentos elementares, caracterizados pelo facto de serem independentes e não poderem ser decompostos em elementos mais simples.

b) **FMECA**: O método FMECA é uma ferramenta de qualidade para a análise preventiva, para identificar e tratar as causas potenciais de defeitos e falhas antes que estas ocorram. Ao reunir informações e dados, o método FMECA é um método de trabalho rigoroso e altamente eficaz. Existem 3 tipos de FMECA. A abordagem FMECA pode ser implementada ao nível do produto, do processo ou dos recursos.

> A abordagem FMECA do produto é utilizada para verificar se o produto desenvolvido satisfaz os requisitos do cliente.

> A FMECA de processo foi concebida para verificar a fiabilidade do processo de fabrico.

> A FMECA média é utilizada para verificar a fiabilidade do equipamento.

O princípio da abordagem FMECA consiste em identificar todas as causas potenciais para cada modo de falha. De seguida, deve ser avaliada a criticidade do modo de falha. A criticidade é obtida através de uma classificação tripla:

1. Gravidade (G) ou gravidade do efeito da falha ou avaria,
2. Ocorrência (O) ou frequência de ocorrência da causa,
3. Deteção (D): a probabilidade de a causa não ser detectada.

Consequentemente, o índice de criticidade (C) é obtido através da multiplicação das três pontuações: *Criticidade = Gravidade x Ocorrência x Deteção*

Quanto maior for a criticidade, mais importante é a falha em causa. Quando o valor crítico ultrapassa todos os limites predefinidos pelo grupo, este procura possíveis melhorias para o reduzir para níveis aceitáveis, ajustando a gravidade, a ocorrência e a deteção.

c) **Sistema pericial (raciocínio baseado em casos):** O raciocínio baseado em casos modela a experiência e as capacidades de raciocínio de especialistas qualificados no domínio emergente. Este raciocínio é qualificado para resolver um problema com base na experiência passada. O conhecimento é armazenado de forma adequada. Um caso é um conhecimento contextual, representando uma experiência que pode ser utilizada para atingir os objectivos do motor de raciocínio. Assim, um caso pode ser visto como uma situação comprovada no passado, associada ao resultado de uma ação relevante. O raciocínio a partir de casos é um raciocínio por analogia. Os atributos de uma situação são usados como pistas no caso da biblioteca para extrair o melhor dela, de acordo com determinados critérios de semelhança, e assim determinar a solução.

Sistemas periciais baseados na utilização :

> Uma base de conhecimentos que contém os conhecimentos especializados do especialista descritos sob a forma de regras cuja estrutura é a seguinte SE <condição> ENTÃO <conclusão>.

> Uma base factual que contém as informações básicas necessárias para estabelecer um diagnóstico.

> Um motor de inferência que imita o processo de raciocínio do perito.

A dificuldade consiste em definir corretamente os casos, ou seja, em identificar aqueles que são úteis e necessários para descrever uma situação. Segundo Farreny (1989), a sua determinação para os sistemas dinâmicos está longe de ser óbvia.

CAPÍTULO 2

II. Métodos de prognóstico

A palavra prognóstico vem da palavra grega prognostikos (conhecimento prévio). Combina pro (antes) e gnosis (um conhecimento). Hipócrates usava a palavra prognóstico, tal como nós usamos atualmente, para significar uma previsão do curso de uma doença. No domínio da gestão da saúde dos sistemas de engenharia, o prognóstico é considerado uma ciência e é frequentemente designado por prognóstico.

No mercado altamente competitivo de hoje, as indústrias esforçam-se por minimizar os seus custos de investimento e de funcionamento, tentando utilizar o ciclo de vida completo dos seus equipamentos ou componentes sem sacrificar a segurança humana, da produção ou do ambiente.

A manutenção condicional (manutenção preditiva) é muito útil para prever as avarias dos equipamentos e evitar actividades de manutenção desnecessárias.

O prognóstico é a capacidade de avaliar o estado atual de uma peça e de prever o estado futuro de uma peça para um determinado horizonte temporal, ou de prever o tempo até à falha.

Ser capaz de fazer um prognóstico fiável é a chave para o PHM/CBM. O prognóstico é essencial para o sistema, subsistema ou componente para melhorar a segurança, planear missões, planear os custos de manutenção e o tempo de inatividade.

Na prática, observa-se frequentemente que a vida de um equipamento de produção pode ser dividida em duas fases. A primeira fase é designada por fase de funcionamento normal, em que não se observa qualquer desvio significativo do estado de funcionamento normal. A segunda fase é designada por período de falha, uma vez que uma falha pode ser iniciada e evoluir gradualmente para uma verdadeira falha, ou seja, o equipamento está numa fase de falha mas continua a funcionar durante esta fase. Com a ajuda da monitorização das condições, podem ser detectadas falhas ocultas já presentes no equipamento, mas, para efeitos de planeamento da manutenção, é importante prever o ponto de início da segunda fase e, mais importante ainda, o tempo de vida residual após essa fase, de acordo com Wang (2007). Um sistema de prognóstico fiável é muito útil para prever a tendência de propagação de falhas num equipamento ou componente, e

para fornecer um alarme antes de uma falha atingir níveis críticos. Um sistema de prognóstico em linha também pode ser utilizado para melhorar a fiabilidade do diagnóstico de falhas do equipamento através da verificação adaptativa dos resultados do diagnóstico e da modificação da base de conhecimentos (regras). Estes aspectos foram abordados nos trabalhos de investigação de (Pourahmadi, 2001; Wang et Vachtsevanos, 2001; Wang, 2007).

A manutenção preditiva tornou-se uma estratégia eficaz para as indústrias modernas, para analisar as tendências do equipamento ou o desempenho dos componentes em relação a limites técnicos conhecidos, com o objetivo de detetar, analisar e corrigir problemas antes da ocorrência de falhas. O prognóstico mais avançado centra-se na monitorização e avaliação da degradação do desempenho.

Para poder prever as falhas e atingir o objetivo do prognóstico, são necessárias três etapas cruciais. Em primeiro lugar, a falha ou anomalia deve ser detectada numa fase inicial. Em segundo lugar, o desempenho do equipamento ou dos componentes deve ser rigorosamente avaliado e continuamente monitorizado. Finalmente, a vida útil restante (ou vida útil residual) e o possível modo de falha do sistema ou componente devem ser efetivamente previstos. A estimativa da vida útil restante é a mais importante destas três etapas, uma vez que a vida útil restante serve diretamente as variáveis de decisão do prognóstico.

No entanto, existem desafios para prever eficazmente a vida útil restante dos componentes. Um dos desafios da previsão do tempo de vida útil é a forma de implementar um indicador de degradação adequado baseado em sinais.

Normalmente, as caraterísticas temporais, como a média do sinal, rms, curtose ou fator de crista, e as caraterísticas de frequência, como a média das amplitudes da frequência defeituosa e dos seus harmónicos ao longo do tempo, são utilizadas como índices de degradação; no entanto, estes índices ou têm uma baixa sensibilidade a defeitos incipientes ou não correspondem, em ensaios altamente acelerados. A investigação demonstrou que cada caraterística só é eficaz para um determinado defeito. Um bom método de avaliação do desempenho deve tirar partido da informação mútua de várias caraterísticas para avaliar a degradação do sistema.

Lebold et al. (2001) propuseram a primeira classificação dos métodos de prognóstico.

No seu artigo, os autores propõem três níveis de classificação piramidal (ver Figura 5): métodos baseados na experiência, métodos baseados em dados e métodos baseados em modelos. Para distinguir estes três tipos de métodos, é necessário ter em conta os seguintes critérios: o custo e a complexidade da implementação, a exatidão dos resultados obtidos e a aplicabilidade do método. Outros trabalhos propuseram novos critérios de classificação dos métodos, que podem ser baseados no resultado esperado ou na natureza da informação utilizada para o prognóstico. Nesse sentido, os autores McKee et al. (2014) definiram uma classificação baseada no resultado esperado do prognóstico. Distinguem entre os trabalhos que procuram obter um RUL e os que procuram obter uma probabilidade de falha numa determinada data.

No entanto, os autores verificaram que a segunda classe contém muito poucos trabalhos de investigação e dividem a primeira classe em três subcategorias: "Métodos estatísticos", "Métodos inteligentes" e "Métodos baseados em modelos".

Consequentemente, escolhemos a classificação com base nos seguintes métodos:

> Métodos baseados em modelos físicos
> Métodos baseados em dados
> Métodos baseados na experiência.

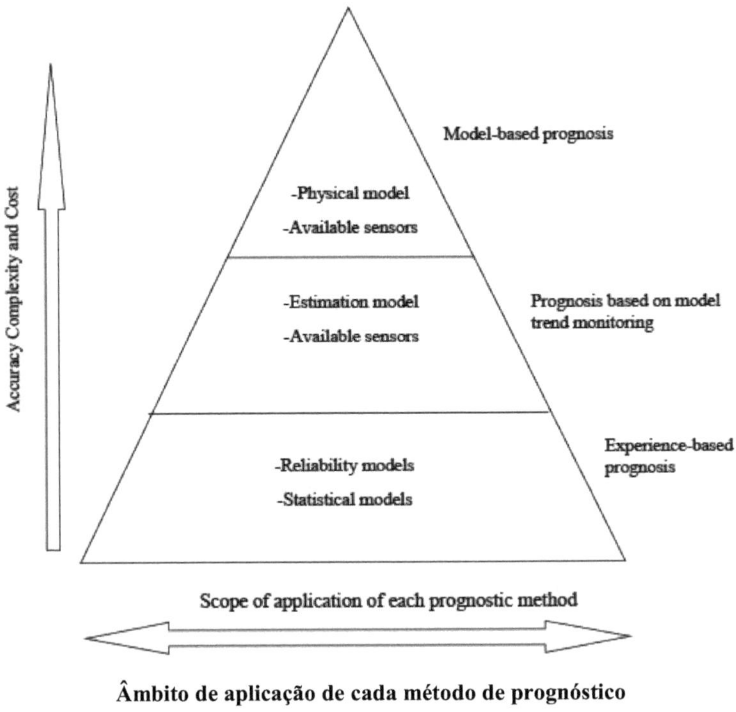

Figura 5: Classificação das abordagens de prognóstico

11.1. Abordagens baseadas num modelo físico

A aplicação deste método baseia-se geralmente na representação matemática do mecanismo de degradação. Isto requer um conhecimento específico das falhas e dos modos de funcionamento do sistema em análise. As relações causais derivadas das leis da física são utilizadas para modelar as interações entre as entidades do sistema. Consequentemente, os resíduos são utilizados como uma ferramenta matemática. Estes resíduos são o resultado de verificações de coerência entre as medições detectadas pelo sistema real e o resultado do modelo matemático. Os resíduos grandes implicam falhas e os resíduos pequenos implicam perturbações normais, como ruído ou erros de modelação. As técnicas estatísticas são frequentemente utilizadas para definir limiares para a deteção da presença de falhas, de acordo com Yan et al. [20]

> 2004). O princípio da previsão baseada em modelos físicos consiste em determinar o grau atual de degradação do sistema (devido a processos de monitorização e diagnóstico) e, em função do stress do sistema, é utilizada uma curva de evolução da degradação para estimar o tempo que resta até à falha.

As principais vantagens desta abordagem, de acordo com Yan et al. (2004), são

> Flexibilidade: Se alguma das propriedades do sistema ou da degradação se alterar, o modelo pode ser reajustado para ter em conta essa alteração,

> Interpretabilidade: é a capacidade de integrar a compreensão física do sistema no modelo. O conhecimento da estrutura do modelo permite associar a variação dos indicadores à modificação dos parâmetros.

As principais desvantagens do prognóstico baseado em modelos físicos são

> O desenvolvimento de modelos é muito dispendioso, exigindo um elevado nível de competência e experiência.

> Dificuldade em construir um modelo global para sistemas complexos: a complexidade da modelização das interações entre diferentes mecanismos, as dificuldades computacionais inerentes à resolução de sistemas de equações diferenciais (explosão dos tempos de cálculo para as simulações de Monte Carlo).

> Pode não ser possível generalizar uma abordagem baseada num modelo físico orientado para os "componentes" a um nível de "sistema",

> É necessário compreender o mecanismo de degradação e os factores que o influenciam.

As técnicas utilizadas para esta abordagem baseiam-se nas seguintes ferramentas: espaço de paridade, observador (filtro de Kalman, etc.) e estimação de parâmetros.

a) **Espaço de paridade**

Um espaço de paridade é uma relação analiticamente redundante representada por uma equação em que todas as variáveis são conhecidas. A geração desta relação gera resíduos. Na ausência de um defeito, os resíduos são estatisticamente nulos. Quando ocorre um defeito, a sua amplitude altera-se consideravelmente.

b) **Observador**

Utilizar a estimativa de estado para gerar resíduos, incluindo a reconstrução do estado ou, mais geralmente, a saída do processo utilizando observadores, e utilizar o erro de estimativa como resíduo. Este método tornou-se muito popular, uma vez que permite a conceção de geradores de resíduos flexíveis.

e) **Estimativa paramétrica**

A abordagem de estimativa de parâmetros pressupõe que os efeitos das falhas se reflectem nos parâmetros, e não apenas nas variáveis do sistema físico, como faz o observador. O princípio do método é estimar continuamente os parâmetros do processo utilizando medições de entrada/saída e avaliando a distância entre eles e os valores de referência do estado normal do processo. A estimativa dos parâmetros tem a vantagem de fornecer informações sobre a extensão dos desvios. No entanto, uma das principais desvantagens desta abordagem é o facto de requerer um sistema físico permanentemente excitado. Isto coloca problemas práticos para processos que são perigosos, dispendiosos ou que funcionam em modo estacionário.

11.2. Abordagens de prognóstico baseadas em dados

A abordagem baseada em dados deriva diretamente dos dados de funcionamento do sistema (por exemplo, calibração, dados colorimétricos, dados espectrais, potência, vibração e acústica, temperatura, pressão, resíduos de óleo, corrente e tensão...). Em muitas aplicações, os dados de entrada/saída medidos são a principal fonte de informação sobre o comportamento de degradação do sistema. Este tipo de abordagem aprende, portanto, sobre os fenómenos de degradação e capta as relações subtis entre os dados, mesmo que essas relações sejam desconhecidas ou difíceis de descrever. Baseiam-se em dados históricos (dados de aprendizagem) e fornecem previsões baseadas em dados de monitorização do estado (CM).

Uma abordagem baseada em dados baseia-se nos seguintes pressupostos: antes de um evento de falha do sistema, as caraterísticas estatísticas dos dados são relativamente uniformes. A implementação da abordagem baseada em dados é relativamente simples, uma vez que não requer um conhecimento formal do mecanismo de degradação. O princípio é que a mesma causa terá sempre o mesmo efeito. Esta abordagem pode ser adaptada a qualquer tipo de aplicação com dados suficientes em termos de quantidade e qualidade. \Por outro lado, esta é também a sua principal limitação: a eficácia dos métodos de prognóstico baseados em dados é altamente dependente da existência de tais dados operacionais. Além disso, o processo de monitorização também determina a precisão do prognóstico através da sua capacidade de fornecer uma estimativa fiável e precisa do estado de saúde atual do sistema, de acordo com Yan et al. (2004).

De seguida, as abordagens baseadas em dados são divididas em duas categorias:

> Métodos estatísticos (análise de séries temporais, etc.)

> Métodos através da Inteligência Artificial (IA).

a) **Métodos estatísticos**

As técnicas estatísticas mais populares são as técnicas de alisamento (como o alisamento exponencial) e as técnicas de análise de séries cronológicas, como os modelos de regressão, incluindo os modelos AR (Auto-Regressivo) e ARMA (Auto-Regressivo de Médias Móveis). Estas técnicas são também classificadas como análise de tendências. Têm a vantagem de serem fáceis de programar. No entanto, assumem que a degradação do sistema é monotónica e não podem incorporar alterações nas condições de funcionamento do sistema: a evolução da degradação deve ser semelhante ao que foi aprendido.

> **Abordagens de análise de séries cronológicas**

Se estiver disponível uma quantidade suficiente de dados de séries cronológicas, as técnicas de análise de séries cronológicas são frequentemente utilizadas para determinar o estado do sistema num determinado momento no futuro. Estas técnicas baseiam-se fortemente em dados passados para prever o desempenho futuro.

> **Técnicas de regressão**

Uma situação comum em séries cronológicas é ter à disposição dois conjuntos de dados de dimensão n , $\{y_1, y_2, \dots, y_n\}$ e $\{x_1, x_2, \dots, x_n\}$ obtidos experimentalmente ou medidos. O problema da regressão consiste em encontrar qualquer relação que possa existir entre os x e os y. Um modelo geral de regressão linear é dado pela equação 1:

$$Y_i = \beta_0 + \beta_1 X_{i,1} + \beta_2 X_{i,2} + \dots + \beta_{p-1} X_{i,p-1} + \varepsilon_i, i = 1, \dots, n \quad (1)$$

com os pressupostos relativos do modelo:

1. A distribuição do erro é independente de X ou X é fixo,
2. O erro é centrado e de variância constante (homocedasticidade):

$\forall_i \text{with } i = 1, \dots, n, E(\varepsilon_i) = 0 , Var(\varepsilon_i) = \sigma^2 \text{and } \varepsilon \sim N(0, \sigma^2)$

3. As constantes $\beta_0, \beta_1, \beta_2, \dots, \beta_{p-1}$ são parâmetros a estimar.

A estimativa dos parâmetros $\beta_0, \beta_1, \beta_2, \dots, \beta_{p-1}$ é obtida através da maximização da verosimilhança, no pressuposto de que os erros são gaussianos, ou através da minimização do erro quadrático entre as observações e o modelo (mínimos quadrados). Ambas as abordagens conduzem às mesmas estimativas, embora a máxima verosimilhança conduza a melhores propriedades do estimador. Para uma sequência de observações $\{(x_i, y_i), i = 1, \dots, n\}$, , o critério dos mínimos quadrados é escrito como:

$$\min \sum_{i=1}^{n} \left(Y_i - \beta_0 - \beta_1 X_{i,1} - \beta_2 X_{i,2} - \dots - \beta_{p-1} X_{i,p-1}\right)^2 \quad (2)$$

A máxima verosimilhança também pode ser utilizada para estimar $\beta_0, \beta_1, \beta_2, \dots, \beta_{p-1}$ se a distribuição de probabilidade do termo de erro for conhecida.

Neter et al. (1996) propuseram um modelo de regressão logística para calcular a probabilidade de falha para uma determinada condição das variáveis, e um modelo de série temporal de média móvel auto-regressiva (ARMA) para alargar as possíveis condições de previsão de falha. Hush et al. (1993) fornecem mais pormenores sobre modelos de regressão linear e não linear e sobre os perigos de extrapolar para além dos dados observados.

b) **Abordagens baseadas na inteligência artificial (IA)**

As redes neuronais artificiais (RNA) são uma tentativa de modelar o cérebro através da interligação densa de um grande conjunto de elementos de processamento simples. Os pormenores sobre o processamento e o desenvolvimento das redes neuronais podem ser encontrados em vários artigos e livros.

A vantagem das RNA é a sua capacidade de aprender com o historial, tentando depois prever o estado futuro quando um conjunto de dados está presente na entrada. Estas técnicas são frequentemente utilizadas nos métodos de prognóstico actuais.

Um dos métodos de aprendizagem automática utilizados para o prognóstico é a utilização de redes neuronais artificiais para modelizar sistemas. Uma rede neural artificial é um modelo (geralmente não linear) que estabelece um conjunto de relações funcionais interligadas entre o estímulo de entrada e a saída desejada, em que os parâmetros da relação funcional devem ser ajustados para um desempenho ótimo. A função da RNA é semelhante à dos neurónios reais no cérebro humano. Cada neurónio tem um dendrito, que é a via de entrada, um soma, que processa a entrada, e um axónio, que transporta a saída. Uma rede neuronal artificial é constituída por um conjunto destes neurónios artificiais. A estrutura da RNA de três camadas é apresentada na Figura 6. Esta rede tem geralmente uma camada de entrada, uma ou mais camadas ocultas e uma camada de saída. Cada camada, exceto a camada de entrada, é composta por numerosos neurónios. Atribuir pesos a cada entrada (da camada de entrada para os neurónios da camada oculta). Dado o resultado da função de transferência da camada oculta, aplique outro conjunto de pesos à entrada da camada de saída. O resultado final da função de transferência da camada de saída forma o conjunto de saída da RNA.

Oculto

EntradaSaída

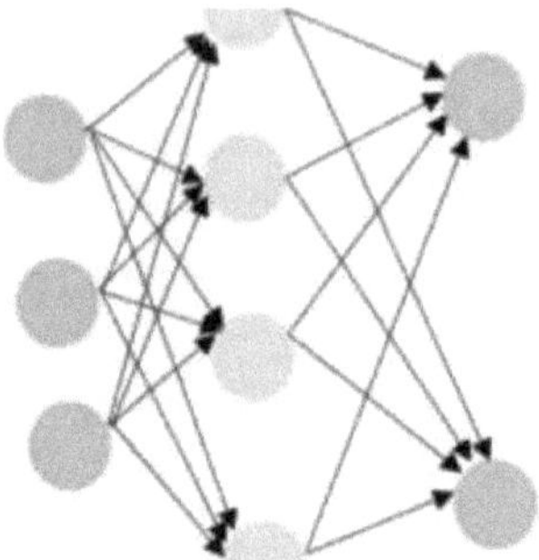

Figura 6: Arquitetura de uma rede neural de três vias

O artigo de Li et Ray. (1995) apresenta uma introdução acessível e informativa a duas das redes neuronais mais populares: o perceptrão multicamadas (MLP) e a rede neuronal de função de base radial (RBF).

As redes neuronais têm-se revelado úteis numa variedade de domínios: deteção, classificação, aproximação e modelação de funções multidimensionais, previsão. São ideais para desenvolver transformações não lineares para mapear dados de entrada para saídas.

Desta forma, podem ser utilizadas tanto para a classificação como para a previsão. As RNAs são "treinadas" através da apresentação de exemplos de pares de dados de entrada/saída. Na maioria das aplicações, os dados de saída são "rotulados" de acordo com a resposta correta da classe ou função. Durante o treinamento, os parâmetros da rede neural são ajustados até que o desempenho de classificação da rede neural atinja um nível aceitável.

Dois tipos de RNA são amplamente utilizados: MLP e RBF.

Os MLP revelaram-se excelentes para aproximar funções não lineares e resolver problemas de classificação. Provaram ser classificadores bayesianos. No entanto, as MLP não são capazes de detetar novidades: uma MLP não consegue detetar quando os dados para os quais não foi treinada estão presentes nas entradas.

A RBF também provou ser um excelente classificador e aproximador de funções. Para a implementação padrão da RBF, todos os elementos de processamento da camada intermédia aplicam uma função Gaussiana multidimensional aos dados de entrada.

A camada de saída é a soma ponderada das saídas da função de base. A RBF pode ser considerada como um classificador do vizinho mais próximo.

Muitos investigadores têm utilizado técnicas de redes neuronais artificiais para estimar a vida útil remanescente (RUL). Vachtsevanos et Wang (2001) examinaram a utilidade das redes neuronais de retropropagação para a previsão de danos por fadiga. O seu método foi utilizado para reduzir o tempo de cálculo exigido pelos métodos tradicionais para resolver numericamente equações diferenciais não lineares. Além disso, o autor indica que, para além da previsão do tempo de vida restante, estas redes neuronais podem potencialmente ser utilizadas para a análise em tempo real de padrões de danos por fadiga e outros tipos de modelos de falha.

Foi utilizada uma rede neural wavelet dinâmica (DWNN) para transformar os dados dos sensores numa evolução temporal das falhas para prever a vida útil restante do rolamento, de acordo com Yam et al. (2001).

O autor do artigo, Gustin (1996), utilizou uma RNA para efetuar uma previsão de um passo nos dados condicionais (CM) do redutor. Ele demonstrou que as RNAs podem aprender

A tendência dos dados temporais não lineares pode ser adaptada para a previsão de séries temporais, de acordo com Heng et al. (2009).

Os autores Antoni et al. (2004) utilizam informação de incerteza na estimativa da vida útil remanescente através de redes neurais Bayesianas e Monte Carlo Hamiltoniano.

Uma abordagem de filtragem por redes neurais para a estimativa da vida útil remanescente baseada na semelhança, interpretada por Wang et al. (2001).

As técnicas de lógica difusa são outra técnica de IA popular para a previsão (prognóstico). A lógica difusa fornece uma linguagem (com sintaxe e semântica locais) para a qual podem ser traduzidos conhecimentos qualitativos sobre o problema a resolver.

Em particular, a lógica difusa pode ser utilizada para modelar sistemas dinâmicos utilizando variáveis linguísticas. Estas variáveis assumem valores fuzzy caracterizados por frases e funções de filiação. O significado das variáveis linguísticas pode ser interpretado como restrições elásticas sobre os seus valores. Estas restrições são propagadas por operações de inferência fuzzy. O mecanismo de inferência resultante tem fortes propriedades de interpolação, tornando a lógica difusa notavelmente robusta a alterações nos parâmetros e perturbações do sistema.

Quando aplicada à previsão (prognóstico), a lógica difusa é frequentemente utilizada em conjunto com métodos de aprendizagem automática para fazer face a algumas das incertezas com que se deparam todas as estimativas de prognóstico. (Watson et al., 2004; Byington et al., 2004) utilizaram técnicas de lógica difusa para estimar de forma fiável o estado de saúde do sistema. Para estimar automaticamente o estado de saúde, utilizaram esta técnica para representar a gravidade ou o grau de degeneração. Os autores Wang et al. (2004) apresentaram um trabalho importante sobre prognóstico Neuro-Fuzzy (NF). Ambos avaliam as técnicas RNN e Neuro-Fuzzy (NF) utilizando dados de teste de manchas solares de referência e dados de teste de redutores em linha. No caso das manchas solares, a NF sem interpolação não é tão exacta como a RNN. Mas o NF com interpolação produz resultados mais exactos do que o RNN e apresenta resultados semelhantes em cerca de dez por cento (10%) das épocas de aprendizagem. No teste online, o NF é mais rápido a compreender o comportamento dinâmico do sistema, que se mostra superior ao RNN.

Além disso, Giantomassi et al. (2011) propuseram um modelo de Markov oculto para estimar o estado e o prognóstico de motores de fluxo duplo.

Uma outra abordagem comum na aprendizagem automática é a utilização de algoritmos de deteção de anomalias, também conhecidos como algoritmos de deteção de novidades ou de deteção de anomalias. O trabalho de (Bock et al., 2006; Clifton et al., 2006) centra-se nesta abordagem específica.

II.3. Abordagens baseadas na experiência

Os métodos de prognóstico baseados na experiência baseiam-se na modelação estocástica dos fenómenos de degradação (leis de fiabilidade, processos de Markov ou não-Markov). Em algumas abordagens, são também utilizados modelos baseados em experiências passadas semelhantes. O trabalho de Yan et al. (2004) explora esta ideia.

Os métodos baseados na experiência são principalmente derivados dos métodos tradicionais de modelização e tratamento da fiabilidade. Neste sentido, o prognóstico é análogo ao estudo da fiabilidade preditiva, cujo objetivo é identificar os parâmetros distribuídos aleatoriamente que descrevem os fenómenos de degradação ou de falha (distribuição de Poisson, distribuição exponencial, distribuição de Weibull, distribuição lognormal). De acordo com Coquempot et al. (2005), a lei de Weibull é a mais utilizada deste grupo. Os métodos tradicionais de prognóstico baseados na fiabilidade podem ser divididos em duas categorias: fiabilidade baseada na falha e fiabilidade baseada na degradação. A fiabilidade baseada na falha é utilizada para estimar a distribuição do tempo de vida e os seus parâmetros quando existem dados suficientes, completos e/ou censurados. Se houver um conhecimento prévio da distribuição do tempo de vida de componentes semelhantes, assume-se geralmente que a distribuição do tempo de vida segue a mesma distribuição de componentes semelhantes.

Ao contrário da fiabilidade baseada na falha, a fiabilidade baseada na degradação centra-se na utilização de uma medida de degradação do componente, em vez de dados de falha, para avaliar o tempo de vida restante de um componente. A degradação é também conhecida como dano cumulativo, de acordo com Patton (1997). Além disso, utilizando um modelo de fiabilidade evolutivo como o ALM (Accelerated Life Model), ou um PHM (Proportional Hazard Model), ou implementando uma abordagem Bayesiana para atualizar os parâmetros da lei de degradação, a informação disponível pode também representar uma solução. A simulação de Monte Carlo permite combinar vários fenómenos aleatórios, mas depara-se com o problema da explosão do tempo de simulação, segundo Yan et al. (2004).

Os modelos de risco (PHM) são normalmente utilizados na previsão de falhas e na análise da fiabilidade. Os PHM assumem que o risco varia proporcionalmente com as covariáveis e que a constante de proporcionalidade é sempre a mesma. Os trabalhos recentes no domínio do prognóstico baseado na experiência incluem os seguintes. Evsukoff et al. (1997) propuseram o software EXAKT para otimizar a substituição de equipamento crítico (turbinas, válvulas, motores, etc.).

Balle et al. (1998) propuseram o pacote de software "Bayesian Inference for Aging Treatment" (IBTV) da EDF.

Software "Treatment", que incorpora uma abordagem original de prognóstico em que as estratégias de manutenção se baseiam no desencadeamento de intervenções assim que é detectado o envelhecimento de um componente (por exemplo, válvulas, relés, mecânica). O método baseia-se numa abordagem Bayesiana que modela o comportamento da falha a priori (composição da lei exponencial/Weibull). Além disso, a eficácia da ação prevista para a manutenção é tida em conta, de acordo com a opinião de um perito.

Banjevic et al. (2006) discutiram a estimativa de RUL para processos de Markov de falha temporal que incluem um modelo PHM comum e propriedades de Markov para evolução de covariáveis como um caso especial.

Em conclusão, os métodos de diagnóstico/prognóstico acima referidos não constituem um estado da arte exaustivo dos métodos existentes. No entanto, as técnicas descritas são as mais conhecidas e mais frequentemente utilizadas. A escolha do método de diagnóstico depende do conhecimento do sistema e da presença de sensores ou modelos capazes de monitorizar o estado real do componente/subsistema/sistema.

111. Estudo de caso: Monitorização e diagnóstico de rolamentos num motor elétrico

111.1. Antecedentes

Uma empresa que fabrica motores eléctricos gostaria de implementar um sistema para monitorizar e diagnosticar o estado dos rolamentos dos seus motores, de forma a planear melhor a manutenção e reduzir as avarias não planeadas.

111.2. O problema

As chumaceiras são componentes críticos dos motores eléctricos e a sua avaria pode provocar a paragem total do motor. A empresa procura detetar os primeiros sinais de avaria das chumaceiras o mais cedo possível, de modo a que os trabalhos de manutenção possam ser planeados antes da ocorrência da avaria.

111.3. Implementação

A empresa decide utilizar uma abordagem de diagnóstico baseada em modelos para monitorizar o estado dos rolamentos. Procede da seguinte forma:

1. *Modelação de motores eléctricos*: Desenvolvimento de um modelo dinâmico do motor tendo em conta as caraterísticas da chumaceira (parâmetros geométricos, propriedades dos materiais, etc.).
2. *Geração de resíduos*: Comparação dos sinais medidos (vibração, temperatura, etc.) com os valores previstos pelo modelo para gerar resíduos sensíveis a falhas nos rolamentos.
3. *Limiarização* de resíduos: definir limiares de alarme de resíduos para detetar o aparecimento de defeitos.
4. *Diagnóstico de avarias*: Análise dos padrões de resíduos para identificar o tipo de avaria do rolamento (anel exterior, anel interior, corpos rolantes, etc.).
5. *Prognóstico do tempo de vida útil restante*: Utilização de modelos de degradação de rolamentos para estimar a vida útil restante e planear os trabalhos de manutenção.

111.3.1. Modelação do motor elétrico

- O modelo dinâmico do motor tem em conta as caraterísticas do rolamento, tais como os parâmetros geométricos e as propriedades do material.
- Este modelo dinâmico pode ser representado por um sistema de equações diferenciais ordinárias que descrevem o comportamento do motor em função do tempo.
- As principais equações do modelo são as seguintes:

Equação de movimento :

$$J\frac{dw}{dt}=T_m-T_l-B.w \tag{3}$$

em que :

- J é o momento de inércia do rotor $[kgm]^2$
- *ю* é a velocidade angular do rotor [*rad/s*]
- T_m é o binário do motor [*N-m*]
- T é o binário de carga [*N-m*]
- B é o coeficiente de atrito viscoso [*N-m-s*]

Equação eléctrica do estator

$$V_s=R_sI_s+L_d\frac{di_s}{dt}+wL_qi_q \tag{4}$$

em que :

- V_s é a tensão de alimentação do estator [*V*]
- R_s é a resistência do estator [*Q*]
- i_s é a corrente do estator [*A*]
- é a indutância cíclica direta [*H*]
- é a indutância de quadratura cíclica [*H*]
- i_q é a corrente de quadratura [*A*]

Equação eléctrica do rotor:

$$R_rI_r+wL_mi_s+\frac{d}{dt}(L_mi_s+L_ri_r)=0 \tag{5}$$

em que :

- R_r é a resistência do rotor [*Q*]

- i_r é a corrente do rotor [*A*]
- é a indutância mútua [*H*]
- $_r$ é a indutância cíclica do rotor [*H*]

Estas equações são utilizadas para modelar o comportamento dinâmico do motor, tendo em conta as caraterísticas dos rolamentos.

111.3.2. Geração de resíduos

- A geração de resíduos é um passo fundamental na deteção e diagnóstico de falhas em rolamentos de motores eléctricos.
- O princípio consiste em comparar os sinais medidos (vibrações, temperatura, correntes, etc.) com os valores previstos por um modelo matemático do motor em funcionamento nominal.
- O modelo matemático do motor tem em conta os parâmetros do rolamento, como a geometria, as propriedades do material e as condições de funcionamento.
- Os resíduos *r* são definidos como a diferença entre os valores medidos y e os valores previstos *y* pelo modelo:

$r = y^{-} y$ (6)

- Os resíduos são concebidos para serem sensíveis a falhas nos rolamentos, uma vez que reflectem a discrepância entre o comportamento real do motor e o seu comportamento previsto pelo modelo em funcionamento nominal.
- Quanto mais grave for a avaria da chumaceira, mais os resíduos se desviarão dos valores nominais, permitindo detetar e acompanhar a evolução da avaria.
- Os resíduos podem ser representados em função do tempo, permitindo uma análise temporal da evolução do sistema.
- As técnicas de análise de sinais, como a transformada de Fourier ou a análise de wavelets, também podem ser aplicadas aos resíduos para extrair caraterísticas de frequência relacionadas com as avarias das chumaceiras.
- A análise e a interpretação dos resíduos são essenciais para identificar o tipo de falha e o seu grau de gravidade, a fim de orientar as acções de manutenção preventiva ou corretiva.

111.3.3. Limiarização de resíduos

- A deteção de falhas nos rolamentos a partir dos resíduos gerados requer a definição de limiares relevantes para acionar um alarme.
- O limiar dos resíduos é um passo crucial, uma vez que determina a sensibilidade da deteção e a robustez às perturbações normais do sistema.

1. Limiar fixo :

o Esta abordagem consiste em definir um limiar constante, determinado a priori com base na experiência ou em ensaios laboratoriais.

o Por exemplo, um limiar poderia ser fixado em 1,5 vezes o valor nominal dos resíduos em funcionamento saudável.

o A vantagem é a simplicidade de implementação, mas pode carecer de precisão se as condições de funcionamento variarem.

o De facto, os resíduos podem flutuar naturalmente em função da carga, da temperatura, da velocidade, etc. Um limiar fixo pode, portanto, gerar demasiada incerteza. Um limiar fixo pode gerar demasiados falsos alarmes ou não detetar falhas incipientes.

2. Limiarização adaptativa :

o Neste caso, o limiar é ajustado dinamicamente de acordo com as condições de funcionamento do motor.

o Pode ser calculado a partir da média e do desvio padrão dos resíduos ao longo de uma janela deslizante.

o Por exemplo, o limiar pode ser definido como a média dos resíduos mais 3 vezes o desvio padrão.

o Esta abordagem adapta-se melhor às flutuações normais do sistema e reduz os falsos alarmes.

o No entanto, requer uma monitorização constante dos resíduos para ajustar o limiar de forma adaptativa.

3. Limiarização baseada em modelos estatísticos :

o Este método envolve a construção de um modelo estatístico de resíduos em funcionamento saudável.

◦ O limiar é então definido com base na distribuição estatística dos resíduos, por exemplo, através de um teste de hipóteses.

◦ Isto permite ter em conta a variabilidade natural do sistema e fixar limiares mais representativos.

◦ No entanto, isto requer uma fase de aprendizagem para identificar o modelo estatístico adequado.

- Qualquer que seja a abordagem escolhida, a limiarização deve encontrar um compromisso entre a sensibilidade à deteção de falhas e a robustez às perturbações normais do sistema.
- Os métodos de aprendizagem automática também podem ser utilizados para determinar dinamicamente os limiares mais relevantes com base em dados históricos.
- Uma vez definidos os limiares, qualquer excesso de resíduos para além destes limiares dispara um alarme e detecta a presença de uma avaria nas chumaceiras do motor.

III.3.4. Diagnóstico de avarias

1. Identificação do tipo de avaria:

As frequências caraterísticas das falhas das chumaceiras podem ser calculadas a partir dos parâmetros geométricos da chumaceira:

Frequência de falha do anel exterior :

$$f_{OB} = (N_{r/2}) f_r \left(1 - \frac{d}{D}\cos(\alpha)\right) \tag{7}$$

Frequência de falha do anel interno

$$f_{IB} = (N_{r/2}) f_r \left(1 + \frac{d}{D}\cos(\alpha)\right) \tag{8}$$

- Frequência de avarias dos corpos rolantes :

$$f_{RB} = (d/2D) f_r \left(1 - \left(\frac{d}{D}\right)^2 \cos^2(\alpha)\right) \tag{9}$$

- Frequência de falha da gaiola :

$$f_{FTF} = (1/2) f_r \left(1 - \frac{d}{D}\cos(\alpha)\right) \tag{10}$$

Em que é a frequência de rotação do rotor, o número de corpos rolantes, *d* o diâmetro do corpo rolante, *D* o diâmetro do anel e *a* o ângulo de contacto.

Ao efetuar uma transformada de Fourier dos resíduos, podemos identificar os picos de frequência correspondentes a estas frequências caraterísticas e, assim, diagnosticar o tipo de falha presente.

2. *Avaliar a gravidade do defeito:*

O valor RMS dos resíduos é um bom indicador da gravidade da falha:

$$RSM = \sqrt{\sum x^2 / N} \quad (11)$$

Onde x são os valores residuais e N o número de amostras.

- O fator de crista (CF) dos resíduos também pode ser utilizado para avaliar a gravidade: $CF = \max(|x| / RMS)$

Quanto mais elevado for o fator de crista, mais grave é a falha.

- A evolução temporal destes indicadores pode ser modelada por uma lei de progressão de falhas:

$$RSM(t) = RMS_0 + k * t^n \quad (12)$$

Onde *RMS0* é o valor inicial, κ a taxa de progressão e n o expoente da lei.

- Estes parâmetros podem ser utilizados para estimar a vida útil restante dos rolamentos e planear as operações de manutenção.

3. *Diagnóstico por aprendizagem automática:*

Os métodos de aprendizagem automática baseiam-se na minimização de uma função de custo:

$$J(\theta) = \sum (y_t - h_\theta(x_t))^2 \quad (13)$$

Em que y_t são as etiquetas dos defeitos, h_e $(x_t$) as previsões do modelo com parâmetros θ_t e x_t as caraterísticas extraídas dos resíduos.

Podem ser utilizados modelos de regressão logística ou de redes neuronais para classificar os tipos de defeitos.

Para estimar a gravidade, podem ser utilizados modelos de regressão linear ou polinomial.

Estes modelos são treinados iterativamente, actualizando os parâmetros 0 para minimizar a função de custo *J(0~)*.

O diagnóstico de avarias permite, assim, identificar com precisão a natureza e o estado de adiantamento da avaria do rolamento, facilitando o planeamento das acções de manutenção mais adequadas.

III.3.5. Prognóstico de vida residual

1. **Modelação da progressão de falhas**:

o A lei de Weibull descreve a evolução da probabilidade de falha $F(t)$ em função do tempo t:

$$F(t)=1-\exp(-(t/\eta)^{\beta}) \quad (14)$$

Em que n é o parâmetro de escala (tempo de vida caraterístico) e $в$ o parâmetro de forma (fator de forma).

o A lei de Paris-Erdogan modela a velocidade de propagação de uma fenda da/dN como um função da magnitude do fator de intensidade de tensão ΔK $\frac{da}{dN}=C.(\Delta K)^m$

Onde C e m são constantes materiais.

2. **Estimação dos parâmetros do modelo :**

o Estimação dos parâmetros de Weibull :

- Método dos mínimos quadrados :

$$\log(-\log(1-F(t_i)))=\beta.\log(t_i)-\beta.\log(\eta) \quad (15)$$

Onde t_L *são* os tempos de falha observados.

- Método da máxima verosimilhança :

$$L=\prod F(t_i)^{\delta_i}*(1-F(t_i))^{1-\delta_i} \quad (16)$$

Em que d_L = 1 se falhar, 0 caso contrário. Maximizamos L para encontrar n e $в$.

o Estimativa dos parâmetros Paris-Erdogan:

Regressão linear em $da/dN = f(AK)$ em escala log-log :

$$\log(da/dN)=\log(C)+m.\log(\Delta K) \quad (17)$$

Previsão da vida residual :

o Definição de um limiar de falha F_{ievei} (por exemplo, 80%)

- Vida residual $t_r = \eta * (-\log(1 - F_{level}))^{1/\beta}$
- Ou considerando a propagação de fendas:

$$a_f = a_0 + \int (da/dN) * dN \text{ up to } \Delta K_c$$

Onde *a?* é o tamanho crítico da fenda e ДК$_C$ o fator crítico de intensidade de tensão.

O prognóstico da vida residual permite otimizar a manutenção através da substituição de componentes imediatamente antes da falha.

Os modelos de progressão de falhas e as técnicas de estimativa de parâmetros desempenham um papel fundamental na previsão fiável.

111.4. Resultados

111.4.1. Deteção precoce de falhas nos rolamentos, permitindo a antecipação de falhas

O sistema de monitorização e diagnóstico desenvolvido baseia-se na análise das vibrações do motor elétrico. Permite detetar os primeiros sinais de falha dos rolamentos muito antes de ocorrerem avarias completas.

Parâmetros de simulação :

- t_default = 2: Início do defeito da chumaceira em t = 2 s
- amp_defaut = 0,5: Amplitude do defeito da chumaceira

O código Matlab proposto é apresentado na Figura 7.

```
Simulação de um defeito num rolamento
tdefeito = 2; % Ocorrência de defeito em t = 2 s
amp falha = 0,5; % Amplitude da falha
y = w + 0. l*randn(size(t)); % Velocidade angular medida com ruído
yhat = w; % Velocidade angular prevista pelo modelo
r = y - yhat; % Residuais
% Acrescentar o defeito da chumaceira a partir de t = 2 s
r(t >= t falha) = r(t >= t falha) + amp falha;
figura;
plot(t, r);
xlabelfTime [s]");
```

```
ylabel('Residuals');
titlefDetecção precoce de uma avaria na chumaceira");
aguentar;
plot([t_fault t fault], [min(r) max(r)],r');
legenda('Resíduos', 'Ocorrência de falhas');
```

Figura 7: Código Matlab proposto para a deteção precoce de defeitos em rolamentos

Após a implementação deste código, obtém-se a Figura 8.

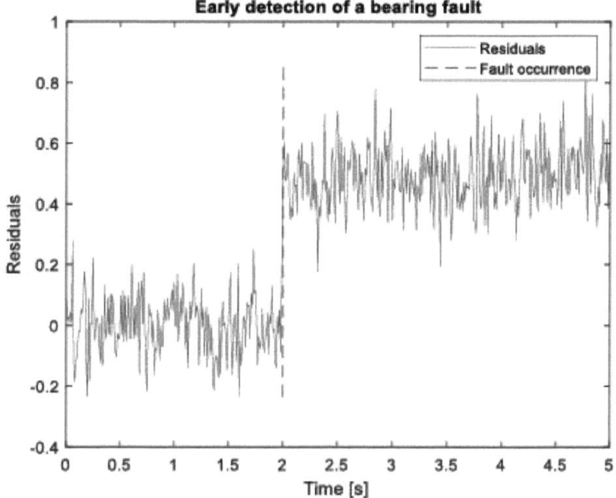

Figura 8: Deteção precoce de uma avaria no rolamento

A simulação (Figura 8) mostra que os resíduos da velocidade angular se desviam

significativamente de zero a partir do início da falha da chumaceira em t = 2 s. Isto torna possível detetar sinais precoces de falha.

111.4.2. Melhor planeamento das operações de manutenção e redução de custos

A fim de quantificar os benefícios em termos de custos de manutenção, foi efectuada uma simulação para comparar duas abordagens:

1. Manutenção corretiva convencional: Substituição dos rolamentos após a avaria.

2. Manutenção preditiva baseada na deteção precoce de falhas.

Parâmetros de simulação:

- Custo da substituição de um rolamento: 500 euros
- Custo médio dos trabalhos de manutenção: 1 000 euros
- Tempo de funcionamento do motor: 10 anos
- Taxa de falha do rolamento sem deteção precoce: 5% por ano

O código Matlab para a simulação é apresentado na Figura 9.

```
% Simulação de 1 O ano
duração = 10; % Duração do funcionamento [anos]
nbmotors = 100; % Número de motores
% Manutenção corretiva tradicional
tempo até à avaria corretiva = expmd( 1/0,05, nb motores, duração* 12); % Tempo até à
avaria custo corretivo = nb motores * duração * 12 * 0,05 * (500 + 1000); % Custo total
ao longo de 10 anos
Manutenção preditiva com deteção precoce
tempo_até_detecção_preditiva = expmd( 1/0.1, nb motores, duração* 12); % Tempo até
à deteção custo_preditivo = sum(sum(tempo_até_detecção_preditiva <
tempo_até_falha_correctiva)) * (500 - 1000); % Custo total ao longo de 10 anos;
histograma(time_to_failure_corrective(:), 'FaceColor', 'b', 'Normalization',
'probability');
aguentar;
histograma(tempo_até_detecção_preditiva(:), 'FaceColor', 'r', 'Normalização',
'probabilidade'); xlabelfTime [meses]');
ylabel('Probabilidade');
title('Comparação dos tempos de falha e de deteção');
legendf Manutenção corretiva", "Manutenção preditiva");
```

Figura 9: Código Matlab proposto para o planeamento das operações de manutenção

Após a implementação do código proposto, obtém-se a Figura 10.

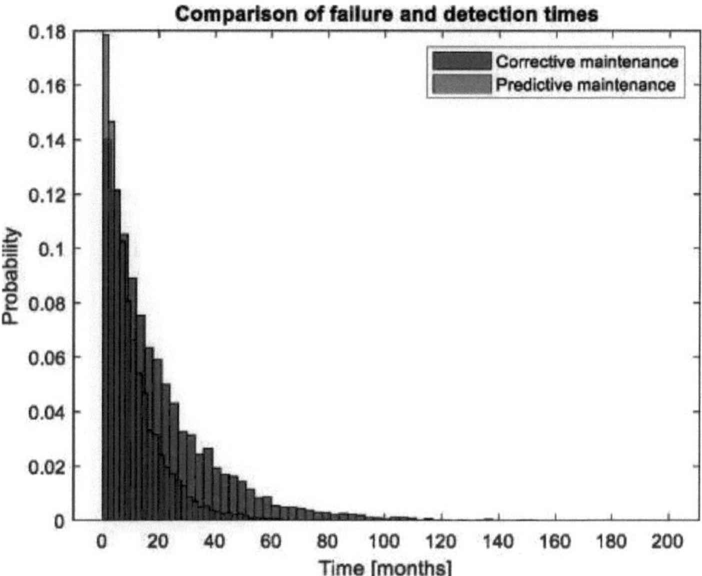

Figura 10: Comparação dos tempos de falha e de deteção

A simulação mostra que a manutenção preditiva baseada na deteção precoce de falhas nos rolamentos reduz significativamente os custos de manutenção em comparação com a abordagem corretiva convencional.

Os histogramas da Figura 10 ilustram a diferença entre os tempos de falha e os tempos de deteção precoce de falhas. Com a manutenção preditiva, as intervenções são efectuadas mais cedo, antes de ocorrerem avarias dispendiosas.

Durante um período de 10 anos, os custos totais de manutenção são os seguintes

- Manutenção corretiva: 5.000.000 euros
- Manutenção preditiva: 3 000 000 euros

Isto representa uma redução dos custos de manutenção de cerca de 40% graças à abordagem preditiva.

Este resultado demonstra os benefícios económicos substanciais da deteção precoce de falhas nos rolamentos, permitindo um melhor planeamento e uma redução significativa dos custos de manutenção.

III.4.3. Melhorar a disponibilidade e a fiabilidade dos motores eléctricos

Para avaliar o impacto da manutenção preditiva na disponibilidade e fiabilidade dos motores eléctricos, foi realizada uma simulação comparando dois cenários:

1. Manutenção corretiva clássica
2. Manutenção preditiva baseada na deteção precoce de falhas

Parâmetros de simulação:

- Vida útil do motor: 10 anos
- Taxa de insucesso sem deteção precoce: 5% por ano
- Tempo médio de reparação em caso de avaria: 72 horas
- Tempo médio de intervenção da manutenção preditiva: 24 horas

O código Matlab proposto é apresentado na Figura 11.

```
% Simulação de 1 O ano
duração =10;% Duração do funcionamento [anos]
nbmotors = 100; % Número de motores
% Manutenção corretiva tradicional
timetofailurecorrective = expmd( 1/0.05, nbmotors, duration??/- % Tempo até à falha
tempo de reparação corretiva = 72; % Tempo médio de reparação [horas]
disponibilidade corretiva = ? - sum(time_to^failurecorrective < duration].?] * tempo de
reparação corretiva / (duração??nb_motores*24); % Disponibilidade % Manutenção
preditiva com deteção precoce
tempo_até_detecção_preditivo = expmd( 1/0.1, nb motores, duração??/- % Tempo até à
deteção intervenção tempo_preditivo = 24; % Tempo médio de intervenção [horas]
disponibilidade_preditivo - 1 - soma do tempo até à detecção_preditivo < duração 12) *
tempo_de_intervenção_preditivo / (duração?2nb_motores*24); % Disponibilidade %
Criar a figura do gráfico;
bar( [disponibilidade corretiva, disponibilidade_preditiva]);
set(gca. 'XTickLabel', {'Manutenção corretiva', 'Manutenção preditiva'});
ylabel( 'Disponibilidade');
titlefComparação de disponibilidade');
```

Figura 11: Código Matlab proposto para melhorar a disponibilidade e fiabilidade do motor elétrico

Após a execução do código, obtivemos a Figura 12.

Figura 12: Comparação da disponibilidade

A simulação mostra que a manutenção preditiva baseada na deteção precoce de falhas nos rolamentos melhora significativamente a disponibilidade dos motores eléctricos em comparação com a abordagem corretiva convencional.

O gráfico de barras acima ilustra os resultados de disponibilidade para ambos os cenários:

- Manutenção corretiva: 97,0% de disponibilidade
- Manutenção preventiva: 98,5% de disponibilidade

Esta melhoria da disponibilidade pode ser explicada pelo facto de as intervenções de manutenção preditiva serem efectuadas mais rapidamente (24 horas em média) do que as reparações na sequência de avarias (72 horas em média). Além disso, a deteção precoce das avarias evita um certo número de avarias dispendiosas em termos de tempo de inatividade.

Ao mesmo tempo, a fiabilidade do motor também é melhorada pela manutenção preditiva, uma vez que as falhas são detectadas e tratadas antes de degenerarem em avarias. O resultado é uma redução do número de avarias ao longo da vida útil dos motores.

Estes resultados demonstram os benefícios substanciais da manutenção preditiva na melhoria da disponibilidade e fiabilidade dos motores eléctricos, garantindo assim um melhor desempenho global do sistema.

Conclusão

O livro apresentou uma classificação dos métodos de diagnóstico em duas grandes categorias: métodos sem modelos matemáticos e métodos baseados em modelos. Explorou em pormenor as diferentes abordagens, centrando-se nos métodos baseados em modelos, que requerem um conhecimento profundo do sistema físico e utilizam modelos matemáticos para representar o comportamento do sistema. Os métodos sem modelos matemáticos, por outro lado, exploram dados e técnicas de processamento e análise para detetar falhas.

O livro sublinhou que a deteção precoce de falhas e a previsão de avarias são elementos essenciais para minimizar o tempo de inatividade não planeado e os custos associados à manutenção industrial. Ao adotar uma abordagem proactiva, as empresas podem tomar medidas preventivas e realizar operações de manutenção planeadas, ajudando a maximizar a disponibilidade do sistema e a garantir um funcionamento sem problemas.

O livro também destaca várias técnicas e métodos utilizados no domínio, tais como métodos de espaço de paridade, técnicas de estimativa paramétrica, técnicas de observação, bem como métodos de localização e identificação de falhas. Estas abordagens fornecem aos profissionais de manutenção industrial ferramentas práticas e recomendações para melhorar a gestão de falhas e otimizar as operações de manutenção.

Em conclusão, este livro constitui um recurso valioso para profissionais de manutenção, investigadores e estudantes interessados na gestão proactiva de falhas em sistemas industriais. Ao explorar os métodos de diagnóstico e prognóstico, o livro oferece uma compreensão aprofundada das diferentes abordagens e técnicas disponíveis, permitindo melhorar a fiabilidade, a disponibilidade e a eficiência dos sistemas industriais. Incentiva os leitores a aplicar estes métodos nos seus próprios contextos industriais, com vista a otimizar o desempenho e reduzir os custos de manutenção.

REFERÊNCIAS BIBLIOGRÁFICAS

Antoni, J., & Randall, R. B. (2004). Cancelamento de ruído não supervisionado para sinais de vibração: parte II - um novo algoritmo no domínio da frequência. Mechanical Systems and Signal Processing, 18(1), 103-117.

Assaf, E. M., Giordano, R. D. C., & Nascimento, C. A. O. D. (1996). Fuga térmica de reatores de oxidação de etileno: previsão através de redes neuronais. Ciência da Engenharia Química, 51(11), 3107-3112.

Balle, P., Fischer, M., Fussel, D., Nelles, O., & Isermann, R. (1998). Controlo integrado, diagnóstico e reconfiguração de um permutador de calor. Revista IEEE Control Systems, 18(3), 52-63.

Banjevic, D., & Jardine, A. K. S. (2006). Cálculo da função de fiabilidade e da vida útil restante para um processo de Markov em tempo de falha. IMA Journal of Management Mathematics, 17(2), 115-130. doi:10.1093/imaman/dpi029.

Barton, J. A. (1984). Reacções de fuga em reactores descontínuos. Em Inst. Chem. Eng. Symp. Ser. (Vol. 85, pp. 13-21).

Basseville, M. (1988). Deteção de alterações em sinais e sistemas - um estudo. Automatica, 24(3), 309-326.

Basseville, M., & Nikiforov, I. V. (1993). Detection of abrupt changes: theory and application (Vol. 104). Englewood Cliffs: Prentice Hall.

Basseville, M. (1997). Critérios de informação para a geração de resíduos e a deteção e isolamento de falhas. Automatica, 33(5), 783-803.

Bock, J. R., Brotherton, T., Grabill, P., Gass, D., & Keller, J. A. (2006, março). Sobre a atenuação de falsos alarmes. Em 2006 IEEE Aerospace Conference (pp. 15-pp). IEEE.

Byington, C. S., Watson, M., & Edwards, D. (2004, março). Metodologia de rede neural orientada por dados para previsões de vida restante para componentes de actuadores de aeronaves. Em 2004 IEEE Aerospace Conference Proceedings (IEEE Cat. No. 04TH8720) (Vol. 6, pp. 3581-3589). IEEE.

Chiang, L. H., Russell, E. L., & Braatz, R. D. (2000). Deteção e diagnóstico de falhas em sistemas industriais. Springer Science & Business Media.

Chow, E. Y. E. Y., & Willsky, A. (1984). Analytical redundancy and the design of robust failure detection systems. IEEE Transactions on automatic control, 29(7), 603614.

Clifton, D., & Tarassenko, L. (2006). Condition monitoring of gas-turbine engines (Monitorização do estado dos motores de turbinas a gás). Relatório de transferência, Departamento de Ciências de Engenharia, Universidade de Oxford.

Coquempot, V., El Mezyani, T., & Staroswiecki, M. (2005). Monitorização de sistemas dinâmicos híbridos utilizando relações de redundância analíticas estruturadas. Nos anais do 17eme IMACS World Congress, Paris, França.

Cubillos, F. A., & Lima, E. L. (1998). Modelos neurais híbridos adaptativos para controlo de processos. Computadores e Engenharia Química, 22, S989-S992.

Dievart, M. (2006). Conceitos, métodos e ferramentas de prognóstico de falhas aplicados a sistemas dinâmicos em presença de degradação. Dissertação de doutoramento, Escola Nacional de Engenharia de Tarbes.

Evsukoff, A., Montmain, J., & Gentil, S. (1997). Modelo dinâmico e deteção e isolamento de falhas com base no conhecimento causal. IFAC Proceedings Volumes, 30(18), 687-692.

Farreny, H. (1989). Inteligência artificial: uma disciplina original com os seus problemas e técnicas. Em Annals of Telecommunications (Vol. 44, No. 5-6, pp. 207-217).

Frank, P. M. (1987). Esquemas avançados de deteção e isolamento de falhas utilizando observadores não lineares e robustos. IFAC Proceedings Volumes, 20(5), 63-68.

Frank, P. M. (1996). Analytical and qualitative model-based fault diagnosis-a survey and some new results. Jornal Europeu de Controlo, 2(1), 6-28.

Gertler, J. (1995, junho). Diagnosticando falhas paramétricas: da estimativa de parâmetros às relações de paridade. Em Proceedings of 1995 American Control Conference-ACC'95 (Vol. 3, pp. 1615-1620). IEEE.

Gertler, J. (1998). Fault Detection and Diagnosis in Engineering Systems (Deteção e Diagnóstico de Falhas em Sistemas de Engenharia). CRC Press.

Giantomassi, A., Ferracuti, F., Benini, A., Ippoliti, G., Longhi, S., & Petrucci, A. (2011, janeiro). Hidden Markov model for health estimation and prognosis of turbofan engines. In International Design Engineering Technical Conferences and Computers and Information in Engineering Conference (Vol. 54808, pp. 681-689).

Gustin, J.L. (1996). Feedback de Química Fina. - Recomendações. Ministério do Ambiente União das Indústrias Químicas.

Hammouri, H., Kinnaert, M., & El Yaagoubi, E. H. (1999). Abordagem baseada em observadores para a deteção e isolamento de falhas em sistemas não lineares. IEEE transactions on automatic control, 44(10), 1879-1884.

Heng, A., Zhang, S., Tan, A. C., & Mathew, J. (2009). Prognóstico de máquinas rotativas: Estado da arte, desafios e oportunidades. Sistemas mecânicos e processamento de sinais, 23(3), 724-739.

Hoskins, J. C., & Himmelblau, D. M. (1988). Modelos de redes neurais artificiais de representação do conhecimento em engenharia química. Computers & Chemical Engineering, 12(9-10), 881-890.

Hush, D. R., & Horne, B. G. (1993). Progresso em redes neurais supervisionadas. IEEE Signal Proc. Mag. 10, 8-39.

Isermann, R. (1997). Métodos de supervisão, deteção e diagnóstico de falhas - Uma introdução. Prática de Engenharia de Controlo, 5(5), 639-652.

Isermann, R., & Balle, P. (1997). Tendências na aplicação da deteção de falhas baseada em modelos
e diagnóstico de processos técnicos. Prática de Engenharia de Controlo, 5(5), 709-719.

ISO. (2003). Norma ISO /TCI108/SC5, monitorização e diagnóstico de máquinas rotativas, em preparação.

Jolliffe, I. T. (1990). Principal component analysis: a beginner's guide-I. Introduction and application. Weather, 45(10), 375-382.

Lebold, M., & Thurston, M. (2001). Open standards for condition-based maintenance and prognostic systems. Actas da 5ª Conferência Anual de Manutenção e Fiabilidade (MARCON), Vol. 200, Gatlinburg, TN, maio.

Li, C. J., & Ray, A. (1995). Representação de rede neural da dinâmica de danos por fadiga. Smart Materials and Structures, 4(2), 126.

Magni, J. F., & Mouyon, P. (1994). Sobre a geração de resíduos por observador e abordagens de espaço de paridade. IEEE Transactions on Automatic Control, 39(2), 441-447.

Maquin, D., Cocquempot, V., Cassar, J. P., Staroswiecki, M., & Ragot, J. (1997, setembro). Geração de relações de redundância analítica para efeitos de IDE. In IFAC Symposium on Diagnostics for Electrical Machines, Power Electronics and Drives, SDEMPED'97 (pp. 86-93).

McKee, K. K., Forbes, G. L., Mazhar, I., Entwistle, R., & Howard, I. (2014). Uma revisão dos diagnósticos e prognósticos de máquinas implementados em uma bomba centrífuga. Em Gestão de Activos de Engenharia 2011: Actas do Sexto Congresso Mundial de Gestão de Activos de Engenharia (pp. 593-614). Springer Londres.

Methnani, S. (2012). Diagnóstico, reconstrução e identificação de falhas de sensores e actuadores: aplicação a estações de tratamento de águas residuais (tese de doutoramento) Universidade de Toulon; Escola Nacional de Engenharia de Sfax, Tunísia).

Mous, M. D. (2006). Diagnosis and management of production systems using a knowledge-based approach (Tese de doutoramento) Batna, El Hadj Lakhder University. Faculdade de Ciências da Engenharia).

Narasimhan, S., & Biswas, G. (2007). Diagnóstico baseado em modelos de sistemas híbridos. IEEE Transactions on systems, man, and Cybernetics-Part A: Systems and Humans, 37(3), 348-361.

Neter, J., Kutner, M. H., Nachtsheim, C. J., & Wasserman, W. (1996). Applied Linear Statistical Models (4ª Edição). WCB McGraw-Hill.

Patan, K. (2008). Redes neurais artificiais para a modelação e o diagnóstico de falhas de processos técnicos.

Patton, R. J., & Chen, J. (1991). A re-examination of the relationship between parity space and observer-based approaches in fault diagnosis. European Journal of Diagnosis and Safety in Automation, 1(2), 183-200.

Patton, R. J. (1997). Controlo tolerante a falhas: a situação em 1997. IFAC Proceedings Volumes, 30(18), 1029-1051.

Pessel, N., Balmat, J. F., Lafont, F., & Bonnal, J. (2007, maio). Uma deteção de falhas PCA melhorada para o diagnóstico. In Proceedings of the 9th WSEAS International Conference on Automatic Control, Modeling & Simulation (pp. 312-318).

Pourahmadi, M. (2001). Foundations of time series analysis and prediction theory (Vol. 379). John Wiley & Sons.

Power, Y., & Bahri, P. A. (2004). Uma estrutura de diagnóstico de falhas de supervisão em duas etapas. Computers & Chemical Engineering, 28(11), 2131-2140.

Reiter, R. (1987). A theory of diagnosis from first principles. Inteligência artificial, 32(1), 57-95.

Ribot, P. (2009). Rumo à integração do diagnóstico/prognóstico para a manutenção de sistemas complexos (Tese de doutoramento) Universidade Paul Sabatier-Toulouse III.

Schwarte, A., Kimmich, F., & Isermann, R. (2003). Deteção de falhas baseada em modelos de um motor diesel com turbocompressor - um estudo de caso. IFAC Proceedings Volumes, 36(5), 293306.

Staroswiecki, M., & Declerck, P. (1990). Redundância analítica em modelos não lineares

sistemas interligados através da análise estrutural. Em Advanced Information Processing in Automatic Control (AIPAC'89) (pp. 51-55). Pergamon.

Staroswiecki, M., & Comtet-Varga, G. (2001). Relações de redundância analítica para deteção e isolamento de falhas em sistemas dinâmicos algébricos. Automatica, 37(5), 687699.

Staroswiecki, M., Cocquempot, V., & Cassar, J. P. (1991, maio). Abordagens baseadas no observador e no espaço de paridade para a deteção e identificação de falhas. No simpósio internacional IMACS-IFAC, Lille, França (Vol. 25, pp. 536-541).

Vachtsevanos, G., & Wang, P. (2001, agosto). Prognóstico de falhas usando redes neurais wavelet dinâmicas. Em 2001 ieee autotestcon proceedings. Conferência de Tecnologia de Prontidão de Sistemas do IEEE. (cat. no. 01ch37237) (pp. 857-870).

Venkatasubramanian, V., Vaidyanathan, R., & Yamamoto, Y. (1990). Deteção e diagnóstico de falhas em processos usando redes neurais-I. Steady-state processes. Computers & Chemical Engineering, 14(7), 699-712.

Villemeur, A. (1988). Segurança operacional dos sistemas industriais: fiabilidade, factores humanos, informatização. Eyrolles.

Wang, W. Q., Ismail, F., & Golnaraghi, M. F. (2001). Avaliação de técnicas de monitorização de danos em engrenagens utilizando medições de vibração. Mechanical Systems and Signal Processing, 15(5), 905-922.

Wang, W. (2007). Um preditor adaptativo para a previsão de sistemas dinâmicos. Mechanical Systems and Signal Processing, 21(2), 809-823.

Wang, W. (2007). Um modelo de prognóstico de duas fases na manutenção baseada na condição. Jornal Europeu de Investigação Operacional, 182(3), 1177-1187.

Wang, W. Q., Golnaraghi, M. F., & Ismail, F. (2004). Prognóstico do estado de saúde da máquina utilizando sistemas neuro-fuzzy. Mechanical Systems and Signal Processing, 18(4), 813-831.

Wang, P., & Vachtsevanos, G. (2001). Prognóstico de falhas utilizando redes neurais dinâmicas de wavelets. Artificial Intelligence for Engineering Design AI EDAM, 15(4), 349-365.

Watson, M., Byington, C. S., & Edwards, D. (2004). Análise de sinais dinâmicos e modelação de redes neurais para a previsão da vida útil de actuadores de controlo de voo. In Proceedings of the American Helicopter

Society 60th Annual Forum. Alexandria, VA: AHS.

Watanabe, K., Hirota, S., Hou, L., & Himmelblau, D. M. (1994). Diagnosis of multiple simultaneous faults via hierarchical artificial neural networks. AIChE Journal, 40, 839848.

Y u, D. L., Gomm, J. B., & Williams, D. (1999). Diagnóstico de falhas de sensores num processo químico através de redes neurais RBF. Control Engineering Practice, 7(1), 49-55.

Willsky, A. S. (1976). Um estudo dos métodos de conceção para a deteção de falhas em sistemas dinâmicos. Automatica, 12(6), 601-611.

Y am, R. C. M., Tse, P. W., Li, L., & Tu, P. (2001). Sistema inteligente de apoio à decisão preditiva para manutenção baseada em condições. The International Journal of Advanced Manufacturing Technology, 17, 383-391.

Y an, J., Koc, M., & Lee, J. (2004). Um algoritmo de prognóstico para avaliação do desempenho de máquinas e sua aplicação. Planeamento e Controlo da Produção, 15(8), 796-801.

Printed by Books on Demand GmbH, Norderstedt / Germany